JIKKYO NOTEBOOK

スパイラル数学Ａ　学習ノート

【図形の性質】

本書は，実教出版発行の問題集「スパイラル数学A」の２章「図形の性質」の全例題と全問題を掲載した書き込み式のノートです。本書をノートのように学習していくことで，数学の実力を身につけることができます。

また，実教出版発行の教科書「新編数学A」に対応する問題には，教科書の該当ページを示してあります。教科書を参考にしながら問題を解くことによって，学習の効果がより一層高まります。

目　次

1節　三角形の性質

1　三角形と線分の比

SPIRAL A

132　次の図において，DE // BC のとき，x，y を求めよ。　▶教 p.70 練習1

*(1)

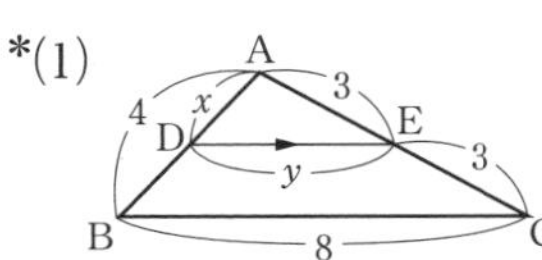

(2)

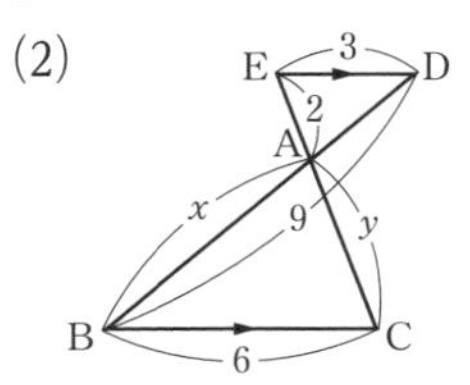

(3)

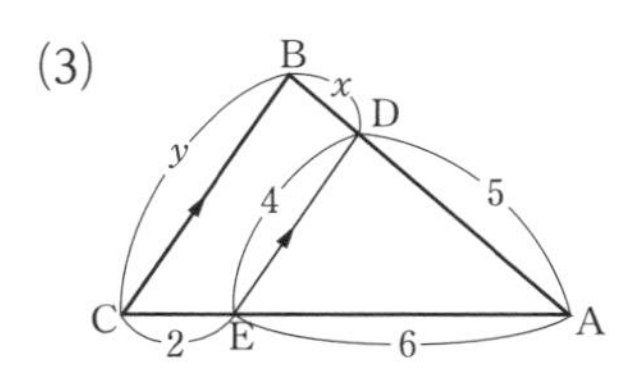

***133**　次の図の線分 AB において，次の点を図示せよ。　▶教 p.71 例1

(1)　1：3 に内分する点 C　　(2)　3：1 に内分する点 D

(3)　2：1 に外分する点 E　　(4)　1：3 に外分する点 F

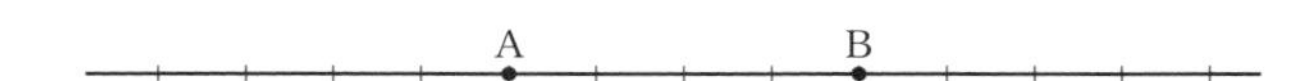

***134**　右の図の △ABC において，AD が ∠A の二等分線であるとき，線分 BD の長さ x を求めよ。　▶教 p.72 例2

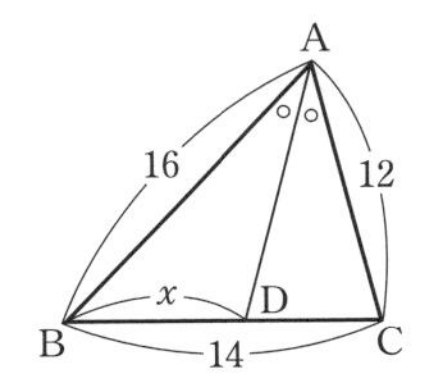

135　右の図の △ABC において，AD が ∠A の二等分線，AE が ∠A の外角の二等分線であるとき，次の線分の長さを求めよ。　▶教 p.73 例3

*(1)　BD

*(2)　CE

(3)　DE

SPIRAL B

136 次の図において，AB // CD // EF のとき，x，y を求めよ。 ▶教p.70

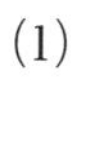
(1)

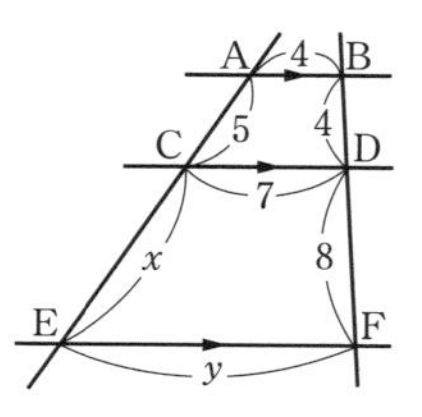

(2)

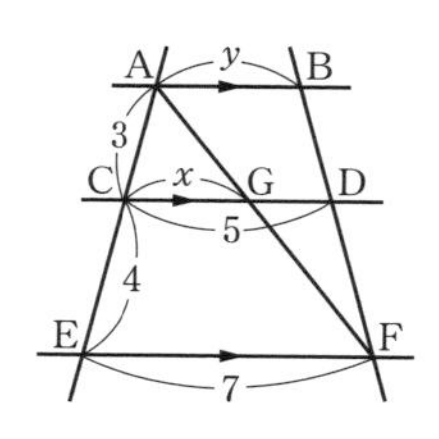

***137** 次の図において，点 P，Q，R は線分 AB をそれぞれどのような比に分ける点か答えよ。

▶教 p.71 例1

138 右の図のように，△ABC の辺 BC の中点を M とし，∠AMB，∠AMC の二等分線と辺 AB，AC の交点をそれぞれ D，E とする。このとき，次の問いに答えよ。

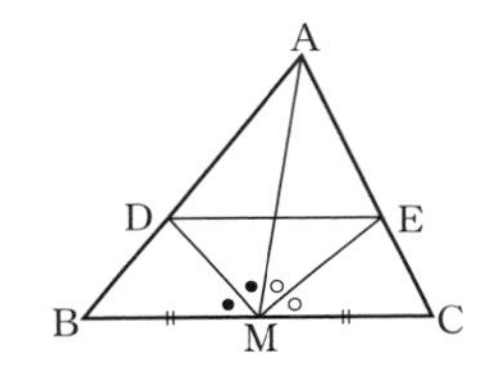

(1) DE // BC であることを証明せよ。

(2) AM = 5，BC = 6 のとき，DE の長さを求めよ。

2 三角形の重心・内心・外心

SPIRAL A

*139 右の図において，点Gは △ABC の重心であり，G を通る線分 PQ は辺 BC に平行である。AP = 4，BC = 9 のとき，PB，PQ の長さを求めよ。 ▶教p.75例4

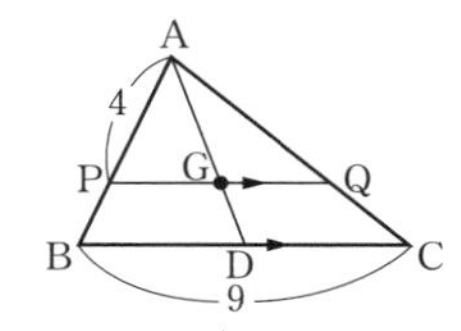

140 右の図のAB = AC，BC = 6 の二等辺三角形 ABC において，中線 AL，BM の交点をPとする。PL = 2 のとき，AP および AB の長さを求めよ。

▶教p.75例4

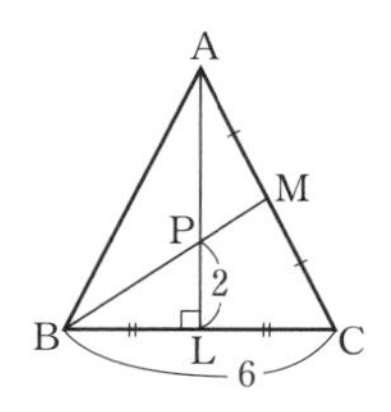

***141**　次の図において，点 I は △ABC の内心である。このとき，θ を求めよ。　▶教 p.77 例5

(1)

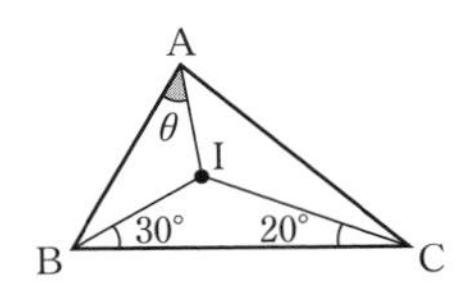

(2)

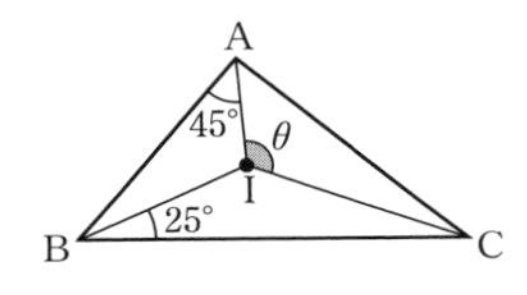

(3)

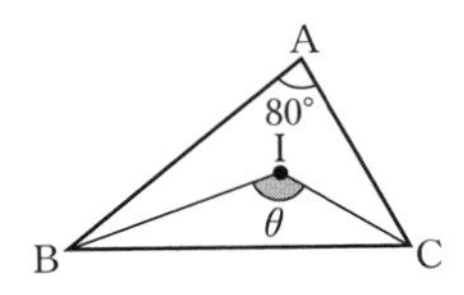

142 次の図において，点Oは△ABCの外心である。このとき，θを求めよ。 ▶教p.79例6

*(1)

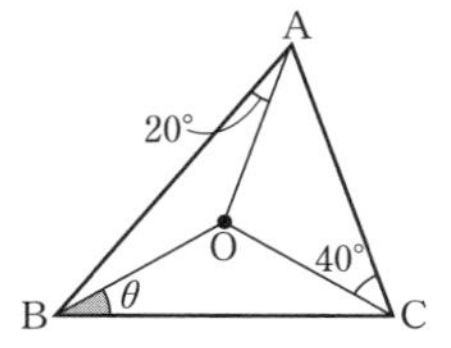

*(2)

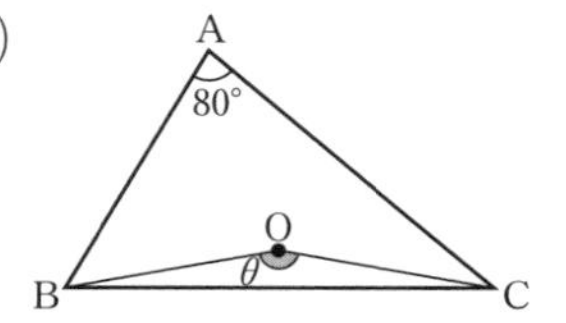

(3)

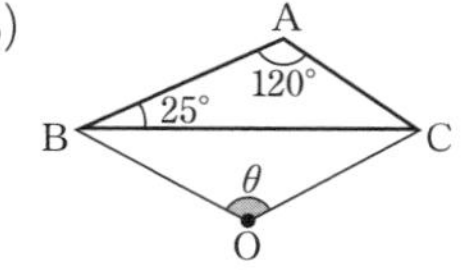

SPIRAL B

143 右の図の平行四辺形ABCDにおいて，辺BC，CDの中点をそれぞれE，Fとし，BDと，AE，AC，AFとの交点をそれぞれP，Q，Rとする。BD＝6 のとき，PQとPRの長さを求めよ。

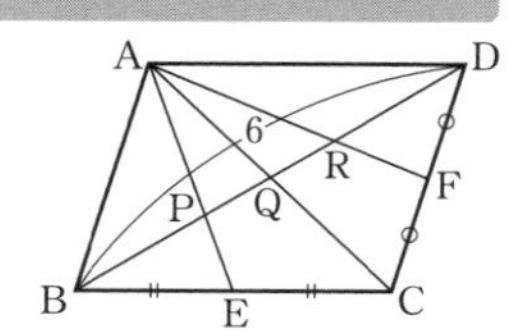

***144** 右の図のように，AB ＝ 4，BC ＝ 5，CA ＝ 3 である △ABC の内心を I，直線 AI と辺 BC の交点を D とするとき，次の問いに答えよ。

▶教 p.112 章末1

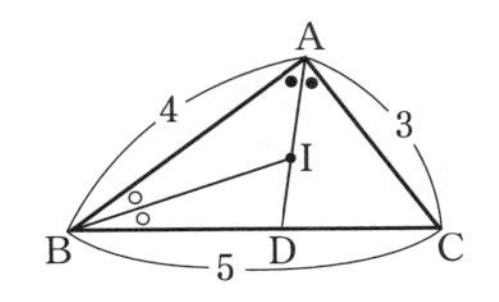

(1) 線分 BD の長さを求めよ。

(2) AI：ID を求めよ。

145 右の図の △ABC において，∠B ＝ 90° であり，3 点 P，Q，R は △ABC の重心，内心，外心のいずれかであるとする。このとき，△ABC の重心，内心，外心は P，Q，R のいずれであるか答えよ。

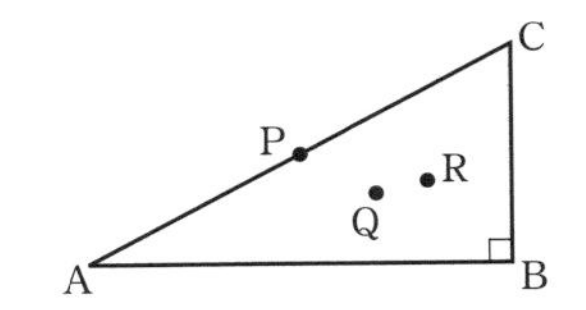

3 メネラウスの定理とチェバの定理

SPIRAL A

146 次の図において，$x:y$ を求めよ。 ▶教p.80例7

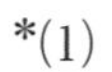
(1)

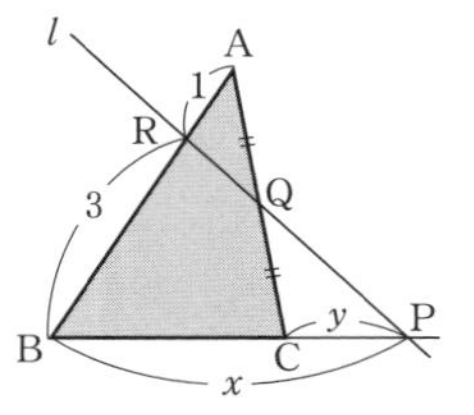

(2)

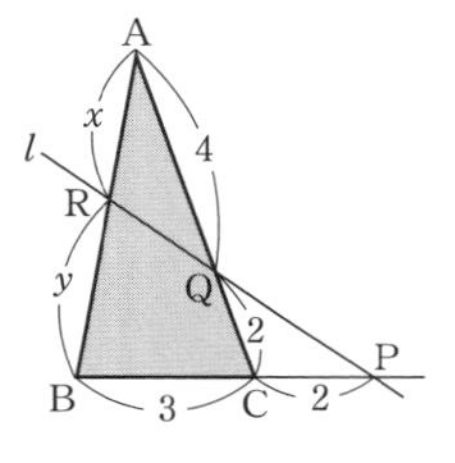

(3)

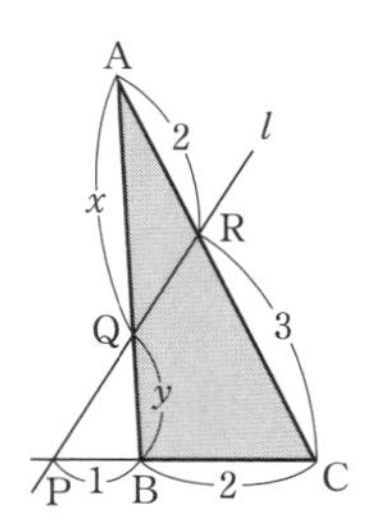

147 次の図において，$x:y$ を求めよ。 ▶教 p.81 例8

*(1)

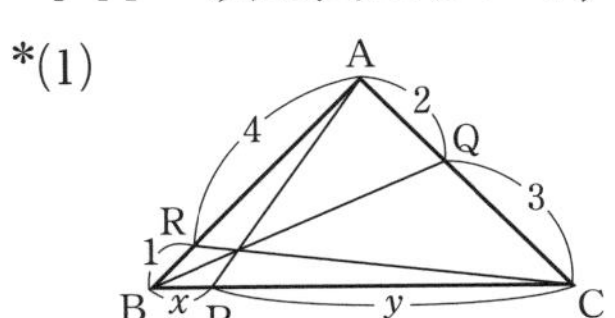

(2)

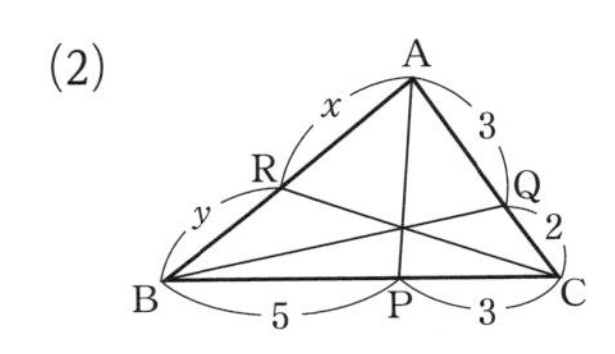

(3)

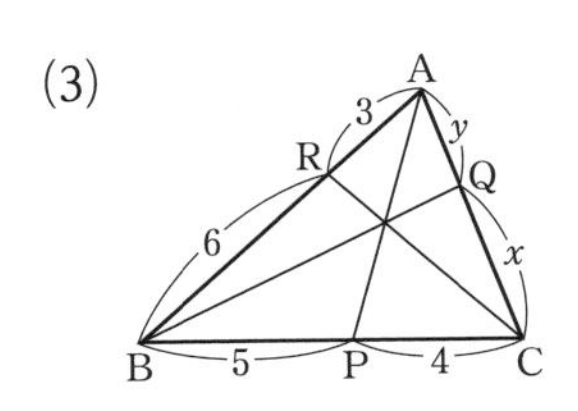

SPIRAL B

148 右の図の △ABC において，AF：FB = 2：3，AP：PD = 7：3 である。このとき，次の比を求めよ。 ▶教 p.80 例7，p.81 例8

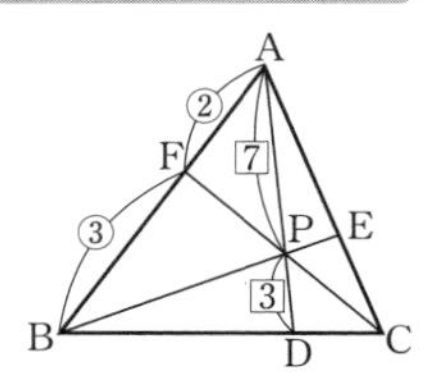

(1) BD：DC

(2) AE：EC

149 右の図の △ABC において，辺 BC を 1：3 に内分する点を P，辺 CA を 2：3 に内分する点を Q，AP と BQ の交点を O とする。このとき，次の比を求めよ。 ▶教 p.82 応用例題1

(1) AO：OP

(2) △OBC：△ABC

例題 7 右の図の $\triangle ABC$ において，$AD : DB = 2 : 3$，$BE : EC = 3 : 4$ である。このとき，次の面積比を求めよ。

(1) $\triangle OAB : \triangle OAC$　　(2) $\triangle OBC : \triangle OAC$

(3) $\triangle OAC : \triangle ABC$

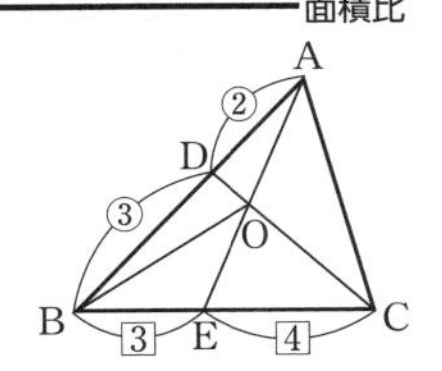

解 (1) 辺 OA を共有しているから

$\triangle OAB : \triangle OAC = BE : EC = \mathbf{3 : 4}$ 答

(2) 辺 OC を共有しているから

$\triangle OBC : \triangle OAC = BD : DA = \mathbf{3 : 2}$ 答

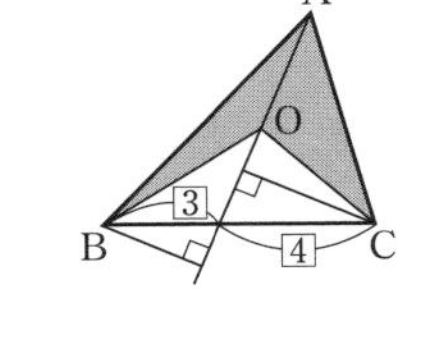

(3) (1), (2)より

$\triangle OAB = \dfrac{3}{4}\triangle OAC$，$\triangle OBC = \dfrac{3}{2}\triangle OAC$

ゆえに　$\triangle ABC = \triangle OAB + \triangle OBC + \triangle OAC$

$= \dfrac{3}{4}\triangle OAC + \dfrac{3}{2}\triangle OAC + \triangle OAC = \dfrac{13}{4}\triangle OAC$

よって　$\triangle OAC : \triangle ABC = \mathbf{4 : 13}$ 答

150 右の図の $\triangle ABC$ において，$BC = 3$，$AC = 4$，$\angle C = 90°$ である。$\angle A$ の二等分線と BC の交点を D，AB の中点を E とするとき，次の面積比を求めよ。

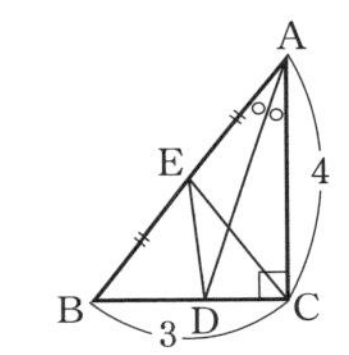

(1) $\triangle DAB : \triangle ABC$

(2) $\triangle DBE : \triangle ABC$

思考力 PLUS 三角形の辺と角の大小関係

SPIRAL A

*151 3つの線分の長さが次のように与えられているとき，これらを3辺の長さとする三角形が存在するか調べよ。 ▶教p.84例1

(1) 2，4，7

(2) 5，7，10

(3) 3，5，8

(4) 1，6，6

*152 次の△ABCにおいて，∠A，∠B，∠Cを大きい方から順に並べよ。 ▶教p.85練習2

(1) $a=6$，$b=5$，$c=7$

(2) $a=4$，$b=5$，$c=3$

(3) $a=11$，$b=5$，$c=7$

SPIRAL B

***153** 次の △ABC において，a，b，c を大きい方から順に並べよ。

(1) $\angle A = 45^\circ$，$\angle B = 60^\circ$

(2) $\angle A = 115^\circ$，$\angle B = 50^\circ$

154 次の △ABC において，∠A，∠B，∠C を大きい方から順に並べよ。

(1) $a = 3$，$b = 4$，$\angle C = 90^\circ$

(2) $\angle A = 120^\circ$，$b = 5$，$c = 7$

155　3つの線分の長さが次のように与えられているとき，これらを3辺の長さとする三角形が存在するようにxの値の範囲を定めよ。

(1)　x，5，6

(2)　x，$x+1$，7

SPIRAL C

例題 8 辺と角の大小関係の応用

右の図の △ABC において，辺 BC 上に頂点と異なる点 P をとる。
このとき，次のことを証明せよ。

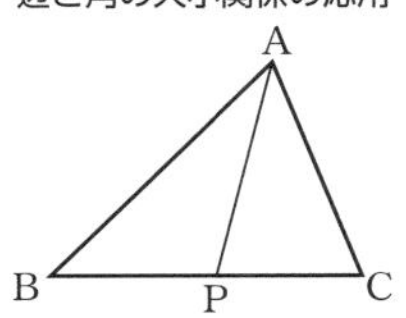

(1) $AB > AC$ ならば $AB > AP$

(2) $2AP < AB + BC + CA$

証明 (1) $AB > AC$ ならば $\angle C > \angle B$ ……①

また $\angle APB = \angle C + \angle CAP$

より $\angle APB > \angle C$ ……②

①，②より $\angle APB > \angle B$

よって，△ABP において

$\angle APB > \angle B$

より $AB > AP$ 終

(2) △ABP において $AP < AB + BP$ ……③

△APC において $AP < AC + PC$ ……④

③，④の辺々をたすと

$2AP < AB + (BP + PC) + AC$

よって $2AP < AB + BC + CA$ 終

156　右の図のように，$\angle C = 90^\circ$ の直角三角形 ABC の辺 BC 上に頂点と異なる点 P をとる。このとき，

$$AC < AP < AB$$

であることを証明せよ。

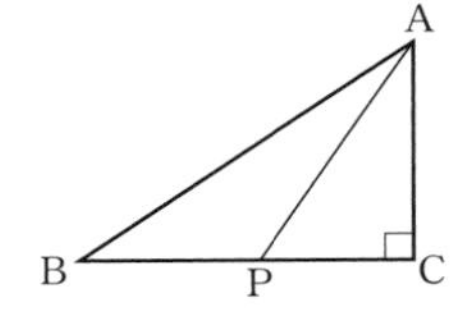

157　右の図の $\triangle ABC$ において，$\angle B$，$\angle C$ の二等分線の交点を P とする。このとき，

$AB > AC$　ならば　$PB > PC$

であることを証明せよ。

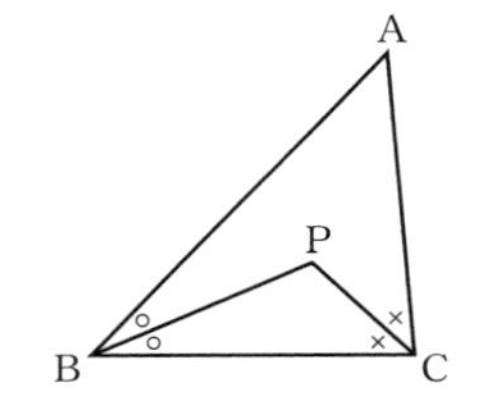

2節　円の性質

1　円に内接する四角形

SPIRAL A

158　次の図において，四角形 ABCD は円 O に内接している。このとき，α，β を求めよ。

▶教p.87 例1

*(1)

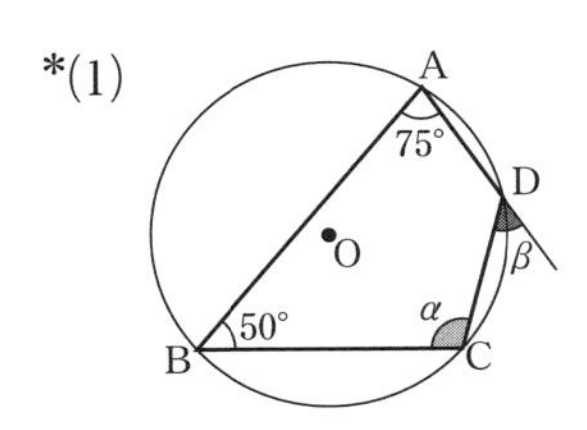

(2)

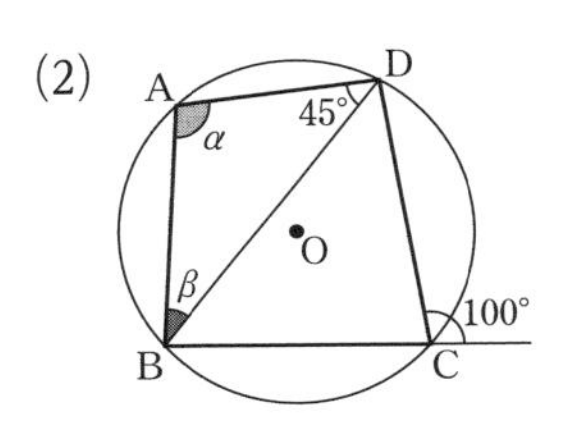

*(3)

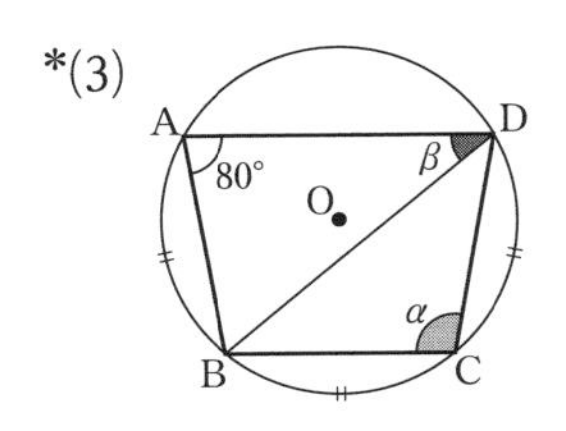

***159** 次の四角形 ABCD のうち，円に内接するものはどれか答えよ。 ▶教 p.89 例2

(ア)

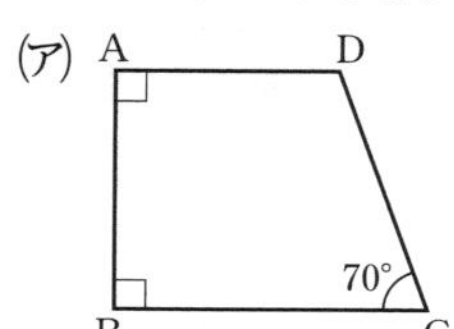

(イ)

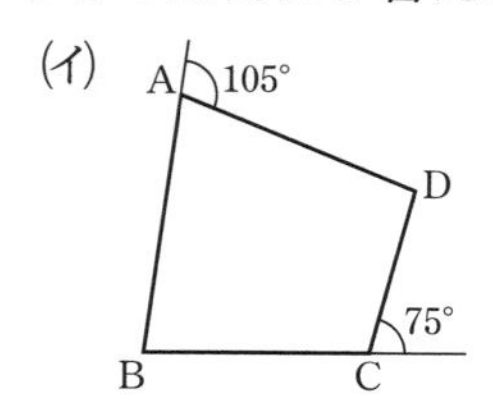

(ウ)

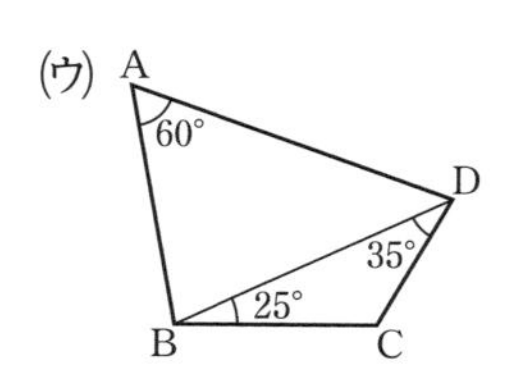

***160** 右の図の AD // BC の台形 ABCD において，∠B = ∠C ならば，この台形 ABCD は円に内接することを示せ。 ▶教 p.89 例2

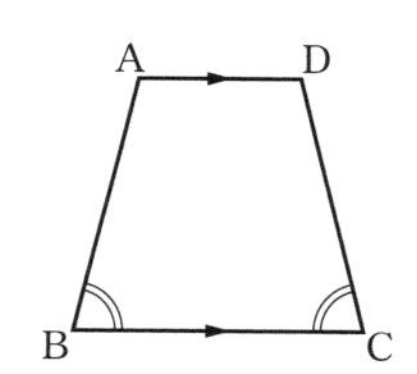

SPIRAL B

161　次の図において，θ を求めよ。

*(1)

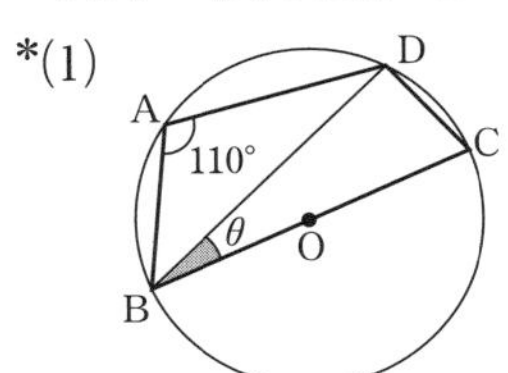

(2)

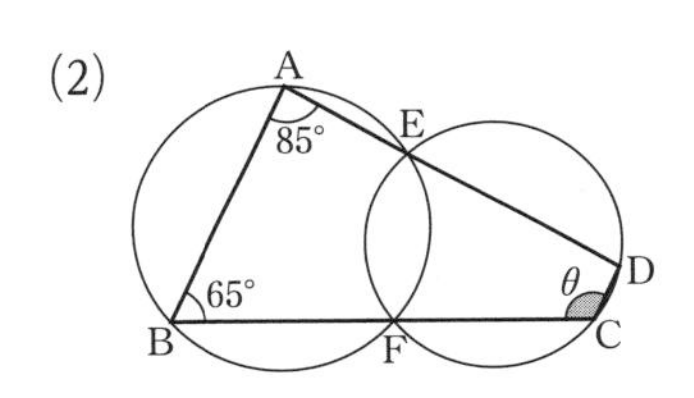

(3)

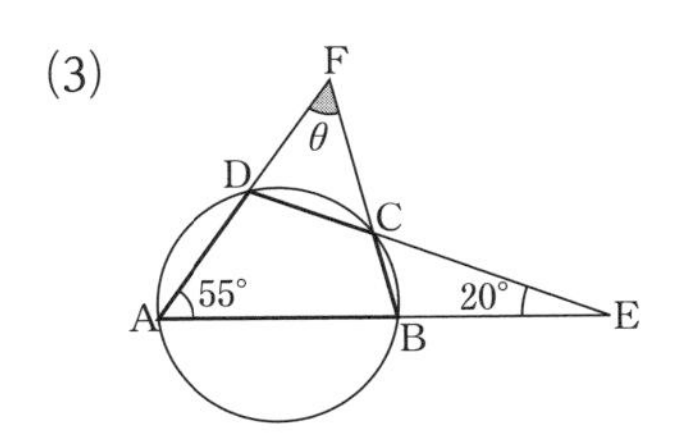

SPIRAL C

例題 9 円に内接する四角形

右の図の $\triangle$ABC において，辺 BC，CA，AB の中点をそれぞれ D，E，F とし，頂点 A から辺 BC におろした垂線を AH とする。このとき，4 点 D，H，E，F は同一円周上にあることを証明せよ。

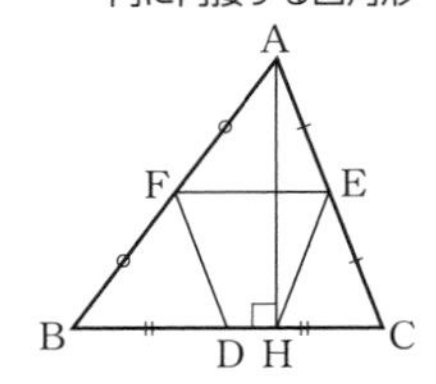

考え方 四角形 DHEF が円に内接する条件を満たすことを示す。

証明 中点連結定理より，四角形 DCEF は平行四辺形であるから

$\angle$EFD = $\angle$DCE ……①

また，直角三角形 AHC は，点 E を中心とする円に内接するから，EC = EH であり，$\triangle$EHC は二等辺三角形である。

ゆえに　$\angle$EHC = $\angle$DCE ……②

①，②より　$\angle$EFD = $\angle$EHC

よって，四角形 DHEF は円に内接する。

したがって，4 点 D，H，E，F は同一円周上にある。 終

162 右の図の $\triangle$ABC において，頂点 A から BC におろした垂線を AD とし，D から AB，AC におろした垂線をそれぞれ DE，DF とする。このとき，4 点 B，C，F，E は同一円周上にあることを証明せよ。

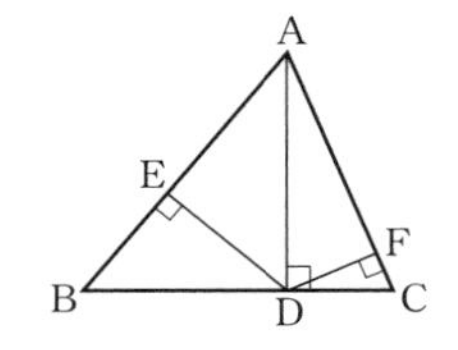

2 円の接線と弦のつくる角

SPIRAL A

*163 右の図において，△ABC の内接円Oと 辺 BC，CA，AB との接点を，それぞれ P，Q，R とする。このとき，辺 AB の長さを求めよ。

▶教 p.90 例3

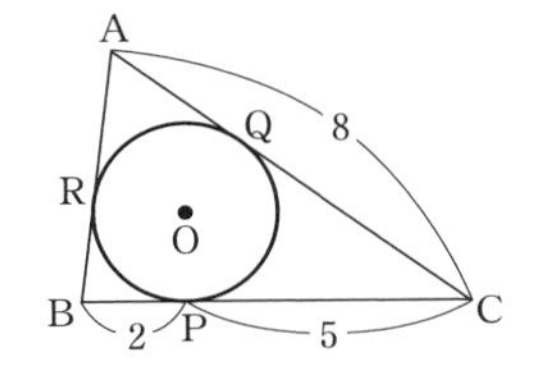

*164 AB ＝ 6，BC ＝ 8，CA ＝ 7 である △ABC の内接円Oと辺 BC，CA，AB との接点を，それぞれ点 P，Q，R とする。このとき，AR の長さを求めよ。

▶教 p.91 例題1

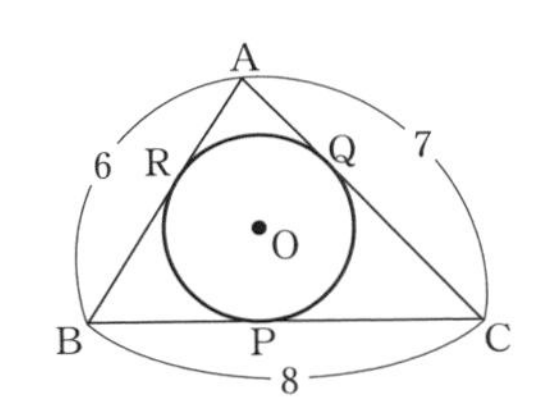

165 次の図において，AT は円 O の接線，A は接点である。このとき，θ を求めよ。

▶教 p.92 例4，p.93 例題2

*(1)

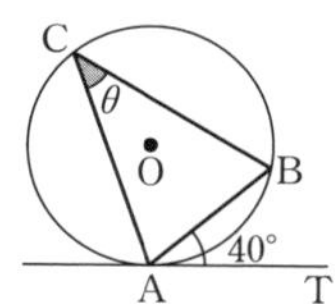

*(2)

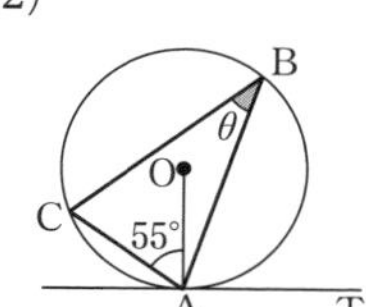

(3)

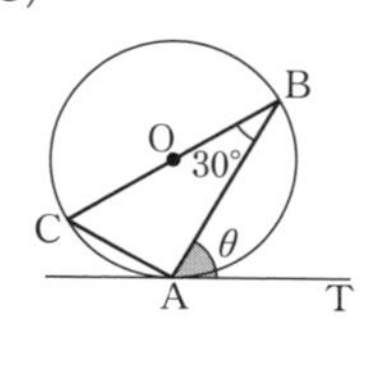

*(4)

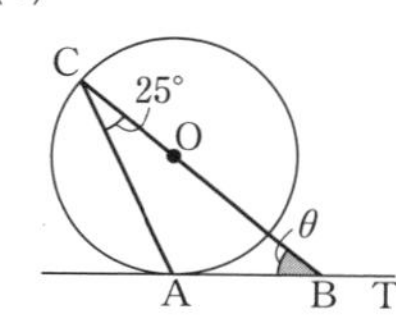

SPIRAL B

*__166__ 右の図のように，AB = 7，BC = 8，DA = 4 である四角形 ABCD の各辺が円 O に接するとき，辺 CD の長さを求めよ。

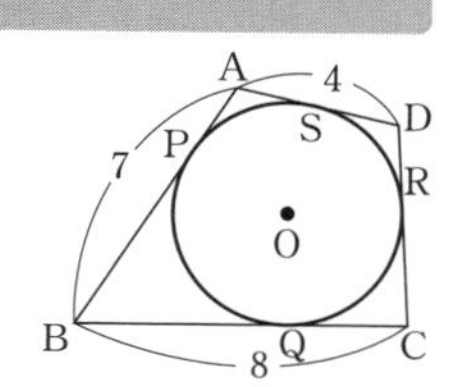

167 次の図において，AT は円 O の接線，A は接点である。このとき，θ を求めよ。

▶教 p.92 例4，p.93 例題2

(1)

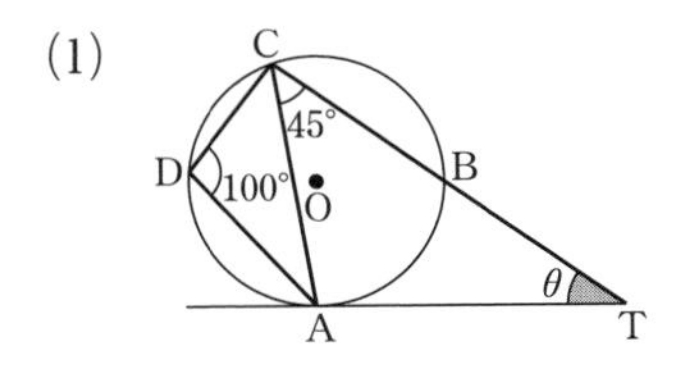

(2)

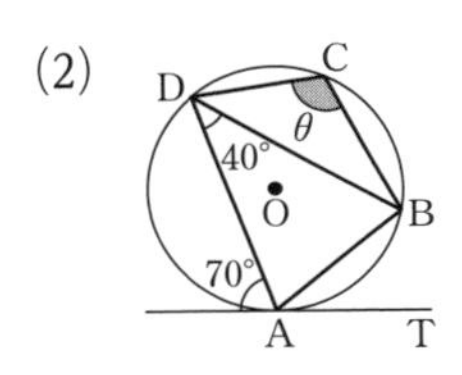

(3)

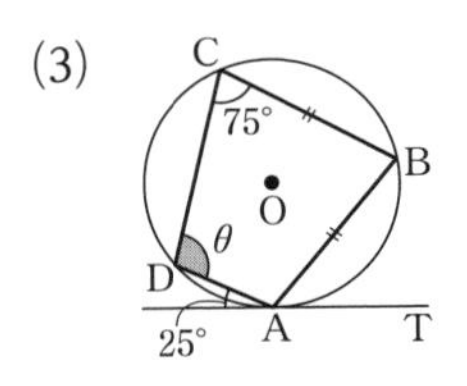

***168**　右の図において，AP，BP は円 O の接線，A，B はその接点である。このとき，θ を求めよ。

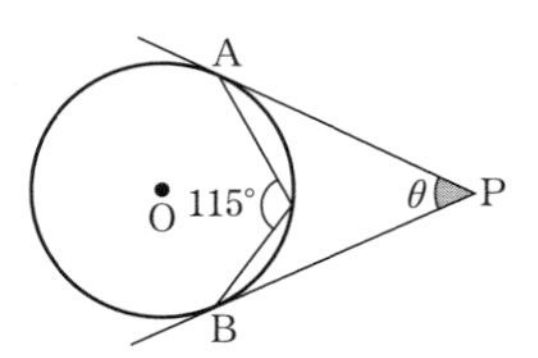

169　右の図のように，円 O に内接する △ABC において，∠BAC の二等分線が円 O と交わる点を P とする。このとき，P における円 O の接線 PT と辺 BC は平行であることを示せ。

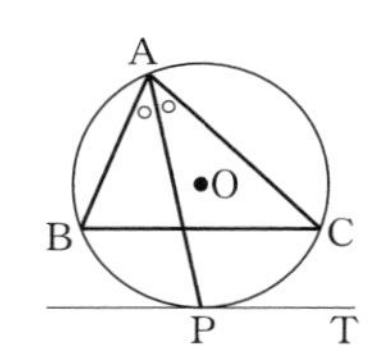

3　方べきの定理

SPIRAL A

*170　次の図において，x を求めよ。▶教p.94例5

(1)

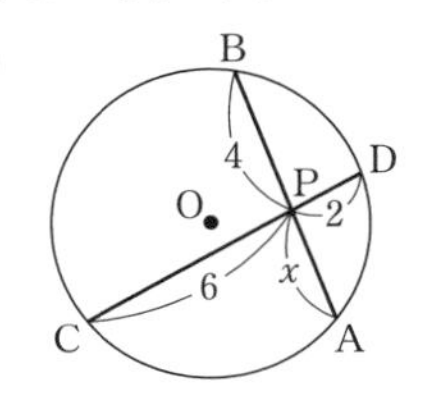

(2)

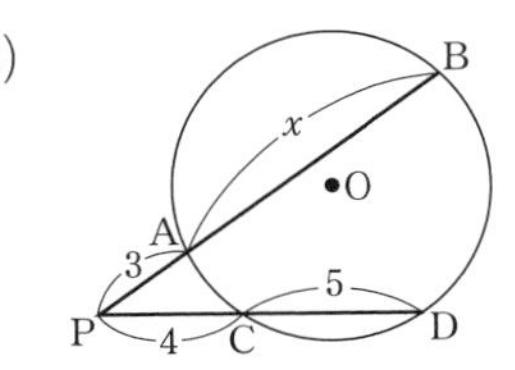

*171　次の図で，PT が円 O の接線，T が接点であるとき，x を求めよ。▶教p.95例6

(1)

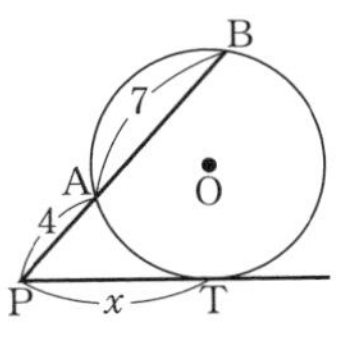

(2)

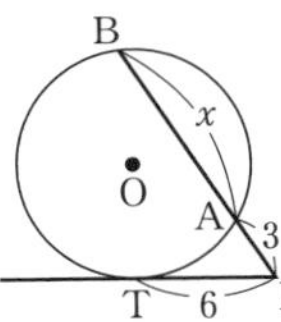

(3)

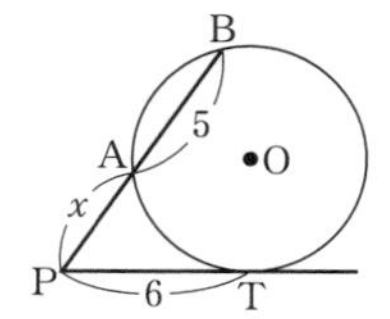

SPIRAL B

*172 次の図において，x を求めよ。ただし，O は円の中心である。

(1)

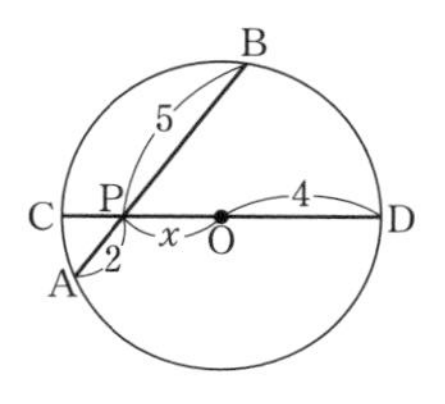

(2)

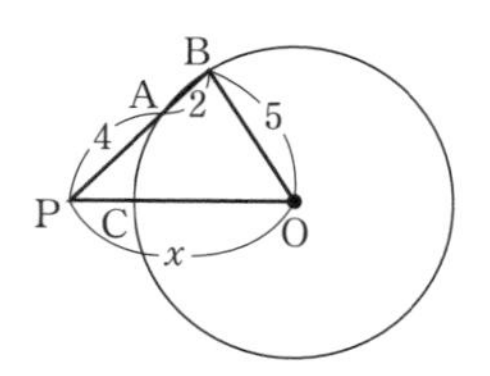

173 右の図のように，2点A，Bで交わる2つの円O，O′の共通接線の接点をS，Tとするとき，2直線AB，STの交点Pは，線分STの中点であることを示せ。

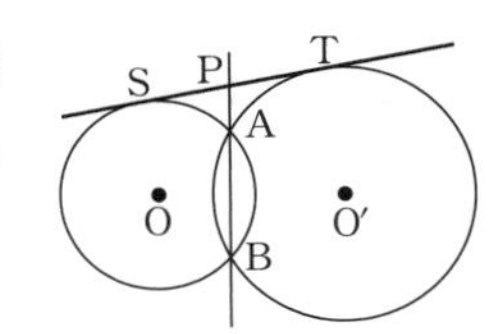

174 右の図のように，点Oを中心とする半径3の円と半径5の円がある。半径3の円周上の点Pを通る直線が，半径5の円と交わる点をA，Bとするとき，PA·PB の値を求めよ。

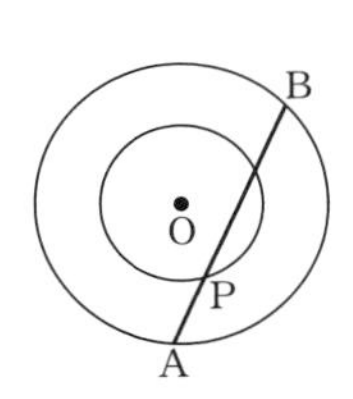

SPIRAL C

例題 10　　方べきの定理の逆

右の図のように，2点X，Yで交わる2つの円O，O′がある。円Oの弦ABと円O′の弦CDが，線分XY上の点Pで交わるとき，4点A，B，C，Dは同一円周上にあることを証明せよ。

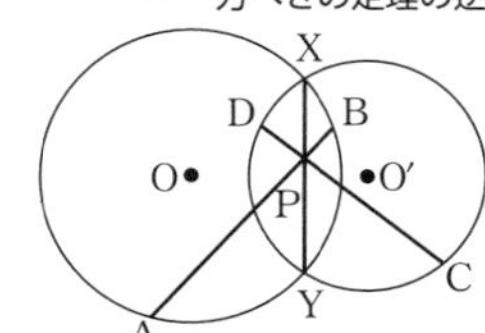

考え方　次の**方べきの定理の逆**を用いる。

2つの線分AB，CD，または，それらの延長が点Pで交わるとき，

$$PA \cdot PB = PC \cdot PD$$

が成り立つならば，4点A，B，C，Dは同一円周上にある。

証明　4点A，B，X，Yは円Oの周上にあるから，方べきの定理より

$$PA \cdot PB = PX \cdot PY \quad \cdots\cdots ①$$

また，4点C，D，X，Yは円O′の周上にあるから，同様に

$$PC \cdot PD = PX \cdot PY \quad \cdots\cdots ②$$

①，②より　$PA \cdot PB = PC \cdot PD$

よって，方べきの定理の逆より，4点A，B，C，Dは同一円周上にある。 終

175　右の図のように，点Xで接する2つの円O，O′がある。円Oの弦ABおよび円O′の弦CDの延長が，点Xにおける接線上の点Pで交わるとき，4点A，B，C，Dは同一円周上にあることを証明せよ。

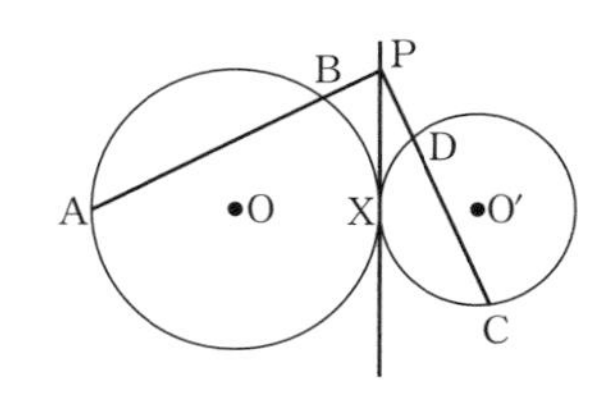

4 2つの円

SPIRAL A

*176　半径が r と 5 の 2 つの円がある。2 つの円は中心間の距離が 8 のときに外接する。2 つの円が内接するときの中心間の距離を求めよ。　▶教p.96

*177　半径がそれぞれ 7，4 である 2 つの円 O，O′ について，中心 O と O′ の距離が次のような場合，2 つの円の位置関係を答えよ。また，共通接線は何本あるか。　▶教p.96，97

(1)　13

(2)　11

(3)　6

***178** 次の図において，AB は円 O，O′ の共通接線で，A，B は接点である。このとき，線分 AB の長さを求めよ。

▶教 p.97 例7

(1)

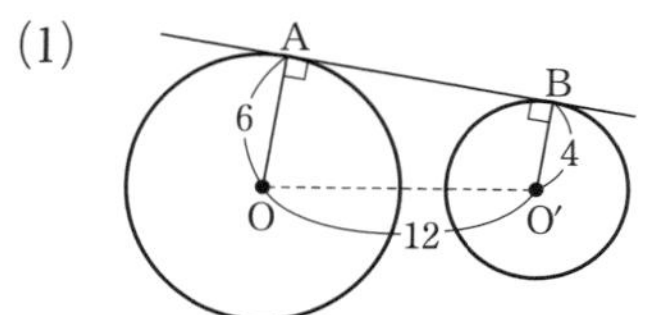

(2)

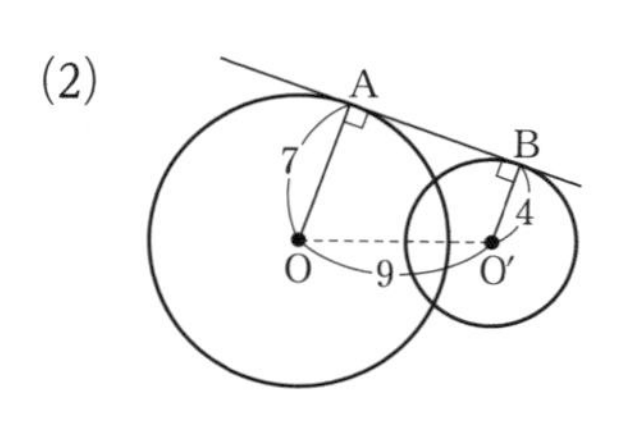

***179** 右の図において，AB は円 O，O′ の共通接線で，A，B は接点である。このとき，線分 AB の長さを求めよ。

▶教 p.97 例7

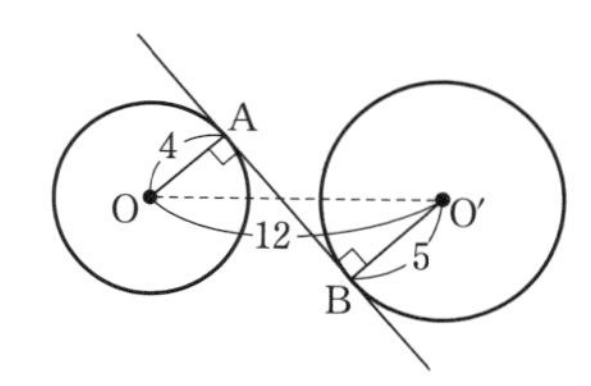

SPIRAL B

共通接線の利用

例題 11 右の図において，円 O と円 O′ は点 P で外接している。AB は 2 つの円の共通接線で，A，B はその接点である。このとき，$\angle APB = 90°$ であることを証明せよ。

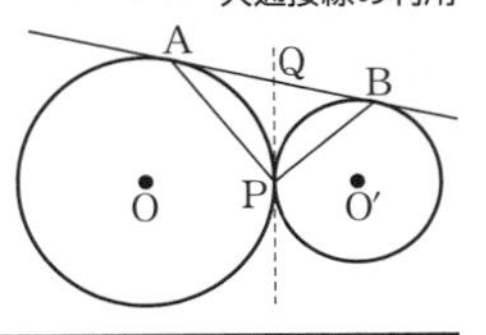

証明 点 P における 2 つの円の共通接線と直線 AB の交点を Q とすると，円の接線の性質から

$$QA = QP = QB$$

よって，点 Q は △APB の外心であり，線分 AB はその直径である。
したがって，∠APB は直径 AB に対する円周角であるから

$$\angle APB = 90°$$ 終

180 右の図において，円 O と円 O′ は点 P で外接している。点 P を通る 2 本の直線が 2 つの円とそれぞれ A，B および C，D で交わるとき，AC // DB であることを証明せよ。

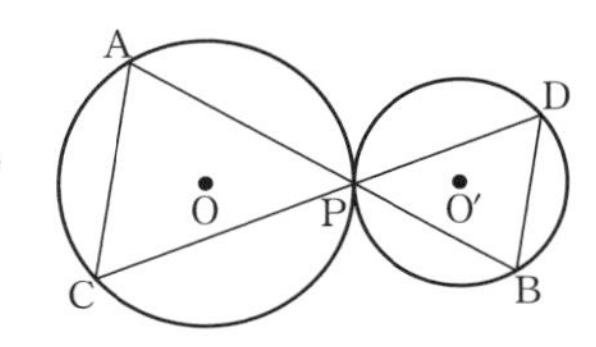

3節　作図

1　作図

SPIRAL A

*181　右の図の線分ABを $1:2$ に内分する点Pと，$6:1$ に外分する点Qをそれぞれ作図せよ。

A　　　　　　　　　　B

▶教p.100例2

*182　下の図の長さ a，b の線分を用いて，長さ $2a-3b$ の線分を作図せよ。

***183** 下の図の長さ 1 および a，b，c の線分を用いて，長さ ab および $\dfrac{ab}{c}$ の線分をそれぞれ作図せよ。

▶教p.101 練習3

SPIRAL B

184　右の図の辺 BC を底辺とし，面積が平行四辺形 ABCD の $\frac{1}{6}$ である三角形を作図せよ。

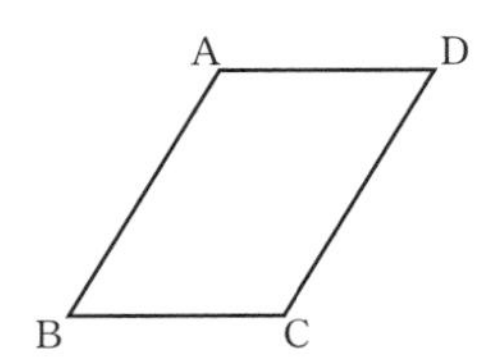

***185**　下の図の長さ 1 の線分を用いて，長さ $\sqrt{3}$ の線分を作図せよ。　▶教p.102応用例題1

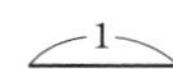

186 右の図の長方形 ABCD と面積が等しい正方形を作図せよ。また，その作図が正しいことを証明せよ。 ▶教 p.102 応用例題1

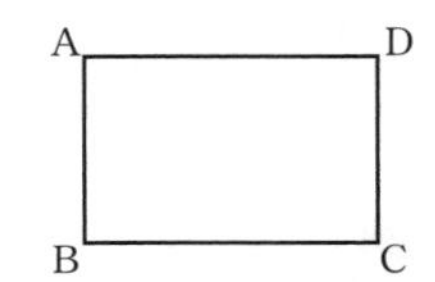

4節　空間図形

1　空間における直線と平面

SPIRAL A

*187　右の図の三角柱 ABC-DEF において，辺 AB とねじれの位置にある辺をすべてあげよ。

▶教p.105例1

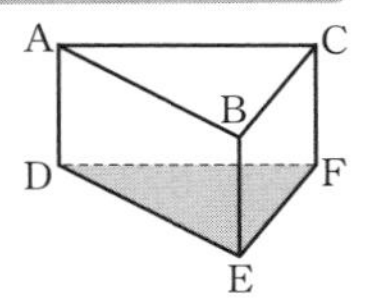

*188　右の図の立方体 ABCD-EFGH において，次の 2 直線のなす角を求めよ。

▶教p.105例2

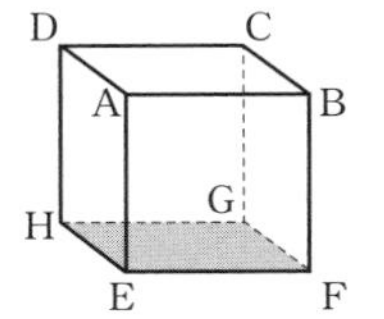

(1)　AD，BF　　　(2)　AB，EG

(3)　AB，DE　　　(4)　BD，CH

***189** 右の図の底面が正三角形である三角柱 ABC-DEF において，次のものを求めよ。

▶教p.106例3

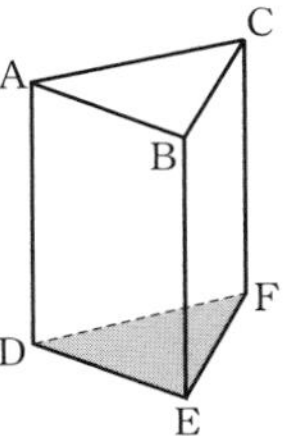

(1) 平面 DEF と平行な平面

(2) 平面 DEF と交わる平面

(3) 2 平面 ABC，ADEB のなす角

(4) 2 平面 ADEB，BEFC のなす角

*190　右の図の直方体 ABCD-EFGH において，次のものをすべて求めよ。

▶教 p.105 例1，p.107 例4

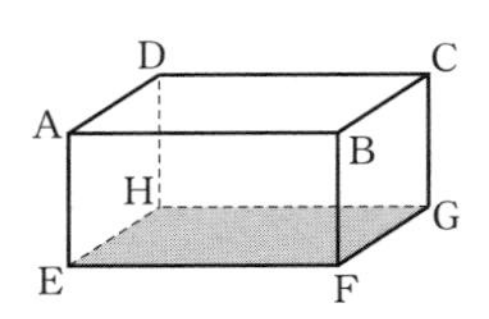

(1)　辺 AD と平行な辺

(2)　辺 AD と交わる辺

(3)　辺 AD とねじれの位置にある辺

(4)　辺 AD と平行な平面

(5)　辺 AD を含む平面

(6)　辺 AD と交わる平面

＊191　右の図のように，△ABC の頂点Aから辺 BC におろした垂線上に点 H をとり，H を通って平面 ABC に垂直な直線上の点を P とする。このとき，PA ⊥ BC であることを証明せよ。

▶教p.108

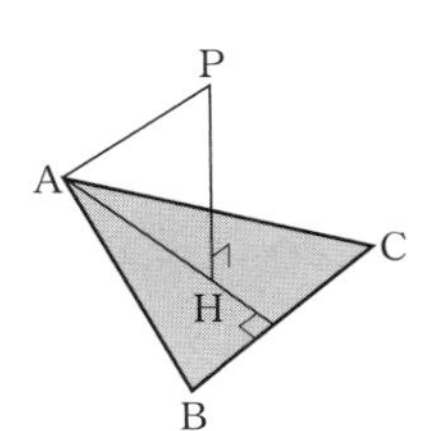

SPIRAL B

192　右の図の三角柱 ABC-DEF において，次のものを求めよ。

▶教p.105例2，P.106例3

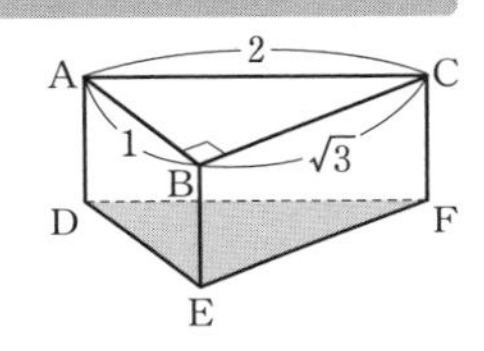

(1)　2 直線 AC，BE のなす角

(2)　2 直線 BC，DF のなす角

(3)　2 平面 ABC，ADEB のなす角

(4)　2 平面 BEFC，ADFC のなす角

193　直線 l で交わる 2 平面 α，β があり，2 平面上にない点 P から α，β におろした垂線をそれぞれ PA，PB とする。このとき，$AB \perp l$ であることを示せ。

▶教p.107

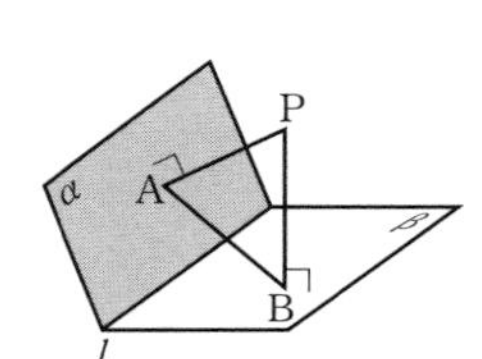

正四面体の高さ

例題 12 右の図の正四面体 ABCD において，辺 CD の中点を M とし，頂点 A から線分 BM におろした垂線を AH とする。
このとき，AH と 平面 BCD は垂直になることを証明せよ。

▶教 p.108

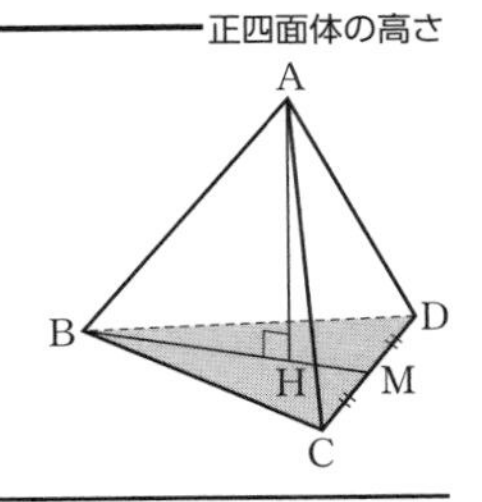

証明 △ACD は正三角形であるから　$AM \perp CD$
△BCD も正三角形であるから　$BM \perp CD$　すなわち　$HM \perp CD$
また，$AH \perp BM$ より　$AH \perp HM$
よって，三垂線の定理より　$AH \perp$ 平面 BCD　終

194 右の図のような四面体 OABC がある。$OA = 1$，$OB = 2\sqrt{3}$，$OC = 2$ であり，$OA \perp OB$，$OB \perp OC$，$OC \perp OA$ である。O から BC におろした垂線の足を D とするとき，次の問いに答えよ。

(1) OD の長さを求めよ。

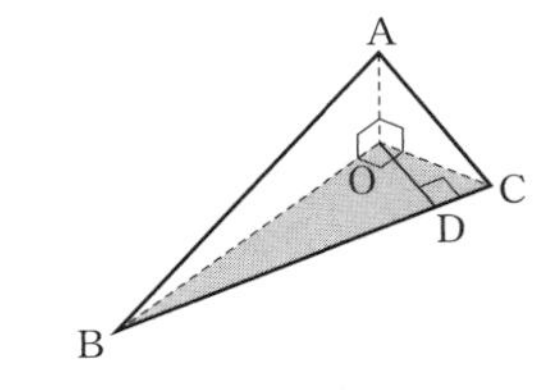

(2)　$AD \perp BC$ を証明せよ。

(3)　AD の長さを求めよ。

(4)　$\triangle ABC$ の面積を求めよ。

2 多面体

SPIRAL A

*195 次の多面体について，頂点の数 v，辺の数 e，面の数 f を求め，$v-e+f$ の値を計算せよ。

▶教p.110練習6

(1) 三角柱

(2) 四角錐

*196 右の図の多面体について，頂点の数 v，辺の数 e，面の数 f を求め，$v-e+f$ の値を計算せよ。

▶教p.110練習6

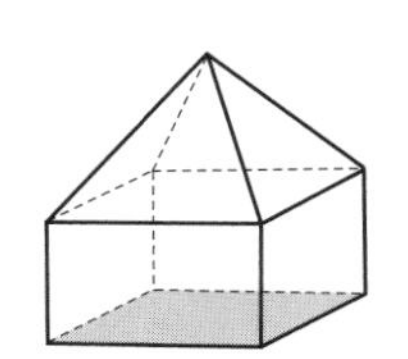

SPIRAL B

197 nを3以上の整数とし，底面が正n角形のn角錐をSとする。2つの合同なn角錐Sの底面を重ねてできた多面体について，頂点の数v，辺の数e，面の数fの値を求め，$v-e+f$の値を計算せよ。

***198** 右の図は，2つの合同な正四面体の底面を重ねてできた多面体である。この多面体が正多面体ではない理由をいえ。

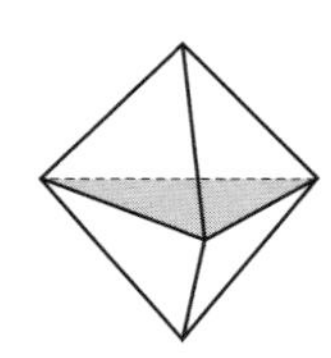

199 右の図のような正四面体の6つの辺の中点を頂点とする多面体は，どのような多面体か。理由もあわせて答えよ。

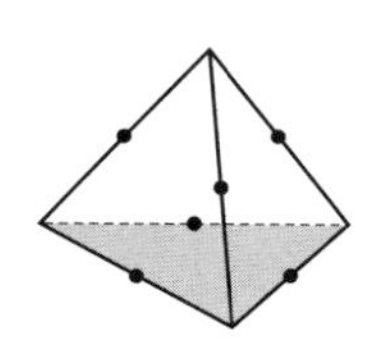

SPIRAL C

正八面体の計量

例題 13

1辺の長さが6である正八面体ABCDEFについて，次の問いに答えよ。

▶教p.111思考力✚

(1) 体積 V を求めよ。

(2) 内接する球Oの半径 r を求めよ。

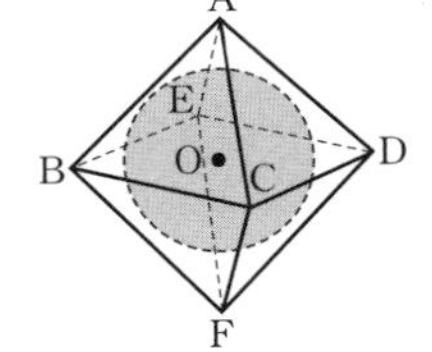

解

(1) 辺BCと辺DEの中点をそれぞれ点G，Hとし，ECとBDの交点をOとする。このとき，$AG \perp BC$，$OG \perp BC$，$OG \perp AO$ であるから，三垂線の定理よりAOは平面BCDEに垂直である。

△AGOにおいて

$$AG = \frac{\sqrt{3}}{2}AB = \frac{\sqrt{3}}{2} \times 6 = 3\sqrt{3},\ OG = \frac{1}{2}BE = \frac{1}{2} \times 6 = 3$$

であるから

$$AO = \sqrt{AG^2 - OG^2} = \sqrt{(3\sqrt{3})^2 - 3^2} = 3\sqrt{2}$$

正方形BCDEの面積 S は　$S = BC^2 = 6^2 = 36$

ゆえに，四角錐ABCDEの体積は

$$\frac{1}{3} \times S \times AO = \frac{1}{3} \times 36 \times 3\sqrt{2} = 36\sqrt{2}$$

よって

$$V = 2 \times 36\sqrt{2} = \mathbf{72\sqrt{2}}$$ 答

(2) $$\triangle ABC = \frac{1}{2} \times 6 \times 3\sqrt{3} = 9\sqrt{3}$$

であるから，三角錐OABCの体積は

$$\frac{1}{3} \times \triangle ABC \times r = \frac{1}{3} \times 9\sqrt{3} \times r = 3\sqrt{3}\,r$$

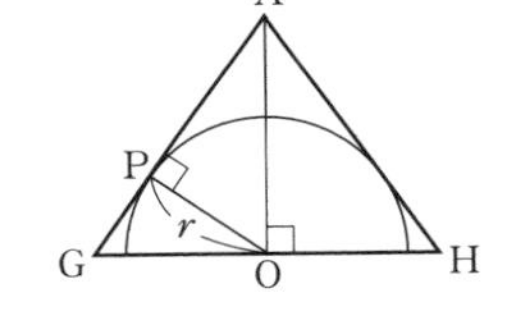

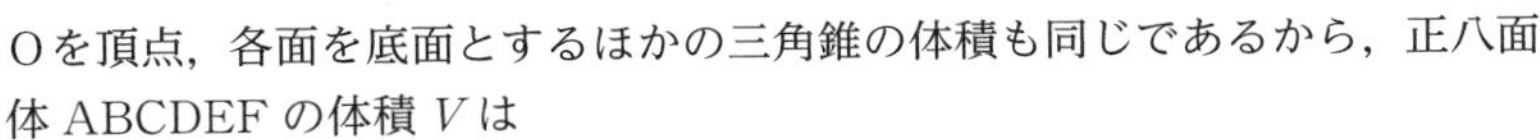

Oを頂点，各面を底面とするほかの三角錐の体積も同じであるから，正八面体ABCDEFの体積 V は

$$V = 3\sqrt{3}\,r \times 8$$

と表される。(1)より $V = 72\sqrt{2}$ であるから，$72\sqrt{2} = 3\sqrt{3}\,r \times 8$ より

$$r = \frac{72\sqrt{2}}{3\sqrt{3} \times 8} = \sqrt{6}$$ 答

200　1 辺の長さが 4 である正四面体 ABCD について，次の問いに答えよ。

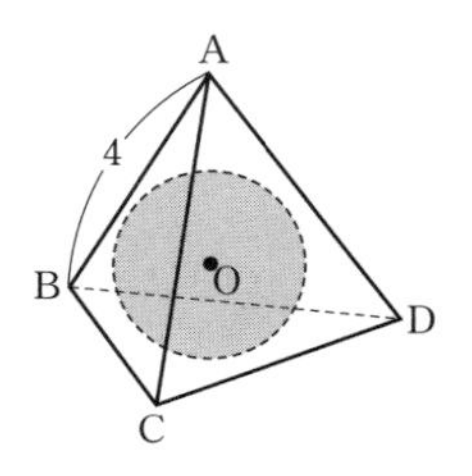

(1)　正四面体の体積 V を求めよ。

(2)　この正四面体に内接する球の半径 r を求めよ。

解答

132 (1) $x=2$, $y=4$

(2) $x=6$, $y=4$

(3) $x=\frac{5}{3}$, $y=\frac{16}{3}$

133

134 $x=8$

135 (1) $\frac{21}{5}$ (2) $\frac{9}{2}$ (3) $\frac{63}{10}$

136 (1) $x=10$, $y=13$ (2) $x=3$, $y=\frac{7}{2}$

137 Pは線分 AB を **2：1 に内分** する

Qは線分 AB を **5：2 に外分** する

Rは線分 AB を **1：4 に外分** する

138 (1) DMは∠AMBの二等分線であるから

AD：DB＝AM：BM ……①

ME は ∠AMC の二等分線であるから

AE：EC＝AM：CM ……②

①，②と BM＝CM より

AD：DB＝AE：EC

よって DE∥BC

(2) $\frac{15}{4}$

139 PB＝2，PQ＝6

140 AP＝4，AB＝$3\sqrt{5}$

141 (1) 40° (2) 115° (3) 130°

142 (1) 30° (2) 160° (3) 120°

143 PQ＝1，PR＝2

144 (1) $\frac{20}{7}$ (2) AI：ID＝7：5

145 外心は 点P，重心は 点Q，内心は 点R

146 (1) $x:y=3:1$

(2) $x:y=4:5$

(3) $x:y=2:1$

147 (1) $x:y=1:6$

(2) $x:y=9:10$

(3) $x:y=8:5$

148 (1) BD：DC＝5：2

(2) AE：EC＝5：3

149 (1) AO：OP＝6：1

(2) △OBC：△ABC＝1：7

150 (1) △DAB：△ABC＝5：9

(2) △DBE：△ABC＝5：18

151 (1) **存在しない** (2) **存在する**

(3) **存在しない** (4) **存在する**

152 (1) ∠C＞∠A＞∠B

(2) ∠B＞∠A＞∠C

(3) ∠A＞∠C＞∠B

153 (1) $c>b>a$ (2) $a>b>c$

154 (1) ∠C＞∠B＞∠A

(2) ∠A＞∠C＞∠B

155 (1) $1<x<11$ (2) $x>3$

156 △ABC において，∠C＝90° であるから辺 AB の長さが最大である。

よって AC＜AB

△APC において，∠C＝90° であるから辺 AP の長さが最大である。

よって AC＜AP ……①

△ABP において，

∠APB＝∠C＋∠CAP＞90° であるから辺 AB の長さが最大である。

よって AP＜AB ……②

したがって，①，②より AC＜AP＜AB

157 △ABC において

AB＞AC より ∠C＞∠B

△PBC において

$\angle PBC=\frac{1}{2}\angle B$，$\angle PCB=\frac{1}{2}\angle C$

よって，∠PBC＜∠PCB となるから

PB＞PC

158 (1) $\alpha=105°$，$\beta=50°$

(2) $\alpha=100°$，$\beta=35°$

(3) $\alpha=100°$，$\beta=40°$

159 (イ)，(ウ)

160 AD∥BC より ∠A＋∠B＝180°

∠B＝∠C より ∠A＋∠C＝180°

よって，向かい合う内角の和が 180° であるから，台形 ABCD は円に内接する。

161 (1) 20° (2) 115° (3) 50°

162 ∠AED＋∠AFD

＝180°

であるから，四角形 AEDF は円に内接する。

ゆえに

∠EAD＝∠EFD

よって，四角形 BCFE において

∠EBC＋∠EFC

＝∠EBC＋∠EFD＋∠DFC

＝∠EBC＋∠EAD＋90°

$=90°+90°=180°$ ←∠ADB=90°

したがって，向かい合う内角の和が 180° であるから，四角形 BCFE は円に内接する。

よって，4点 B，C，F，E は同一円周上にある。

163 **5**

164 $\boldsymbol{\frac{5}{2}}$

165 (1) **40°** (2) **35°**
(3) **60°** (4) **40°**

166 **5**

167 (1) **35°** (2) **110°** (3) **100°**

168 **50°**

169 円周角の定理より

$\angle BAP=\angle BCP$ ……①

接線と弦のつくる角の性質より

$\angle CAP=\angle CPT$ ……②

AP は ∠BAC の二等分線であるから

$\angle BAP=\angle CAP$ ……③

①，②，③より $\angle BCP=\angle CPT$

したがって $BC /\!/ PT$

170 (1) $\boldsymbol{x=3}$ (2) $\boldsymbol{x=9}$

171 (1) $\boldsymbol{x=2\sqrt{11}}$ (2) $\boldsymbol{x=9}$
(3) $\boldsymbol{x=4}$

172 (1) $\boldsymbol{x=\sqrt{6}}$ (2) $\boldsymbol{x=7}$

173 円Oにおいて $PS^2=PA\cdot PB$

円O′ において $PT^2=PA\cdot PB$

よって $PS^2=PT^2$

$PS>0$，$PT>0$ より $PS=PT$

したがって，P は ST の中点である。

174 **16**

175 円Oにおいて

$PB\cdot PA=PX^2$ ……①

円O′ において

$PD\cdot PC=PX^2$ ……②

①，②より $PB\cdot PA=PD\cdot PC$

したがって，方べきの定理の逆より，4点 A，B，C，D は同一円周上にある。

176 **2**

177 (1) **離れている**。共通接線は **4本**。
(2) **外接する**。共通接線は **3本**。
(3) **2点で交わる**。共通接線は **2本**。

178 (1) $\boldsymbol{2\sqrt{35}}$ (2) $\boldsymbol{6\sqrt{2}}$

179 $\boldsymbol{3\sqrt{7}}$

180 接点Pにおける2円の共通接線を TT′ とすると，円Oにおける接線と弦のつくる角の性質より

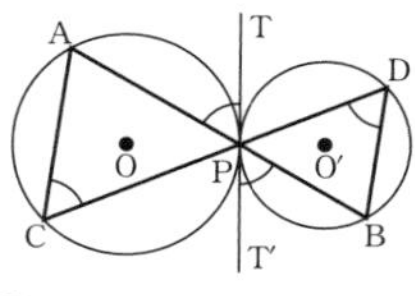

$\angle ACP=\angle APT$ ……①

円O′ における接線と弦のつくる角の性質より

$\angle BDP=\angle BPT'$ ……②

ここで，$\angle APT=\angle BPT'$ であるから ←対頂角

①，②より $\angle ACP=\angle BDP$

すなわち $\angle ACD=\angle BDC$

よって $AC /\!/ DB$

181 **1：2 に内分する点**

① 点Aを通る直線 l を引き，コンパスで等間隔に3個の点 C_1，C_2，C_3 をとる。

② 点 C_1 を通り，直線 C_3B に平行な直線を引き，線分 AB との交点をPとすれば，Pが求める点である。

6：1 に外分する点

① 点Aを通る直線 l を引き，コンパスで等間隔に6個の点 D_1，D_2，D_3，……，D_6 をとる。

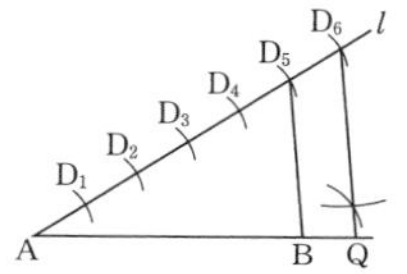

② 点 D_6 を通り，直線 D_5B に平行な直線を引き，線分 AB の延長との交点をQとすれば，Qが求める点である。

(図のように，点 D_6 を通り，直線 D_5B に平行な直線を引くには，3点 D_6，D_5，B を頂点とする平行四辺形をかいてもよい。)

182

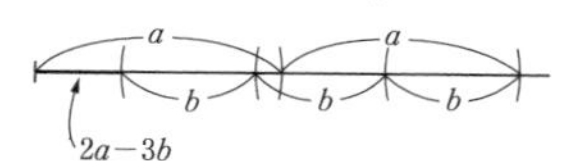

183 **長さ $\boldsymbol{ab}$ の線分**

① 点Oを通る直線 l，m を引き，l，m 上に $OA=a$，$OB=b$ となる点 A，B をそれぞれとる。

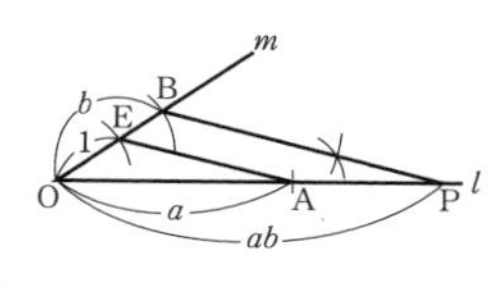

② 直線 m 上に $OE=1$ となる点Eをとる。

③ 点Bを通り，線分 EA に平行な直線を引き，l との交点をPとすれば，$OP=ab$ となる。

長さ $\boldsymbol{\frac{ab}{c}}$ の線分

④ さらに，直線 m 上に $OC=c$ となる点Cをとる。

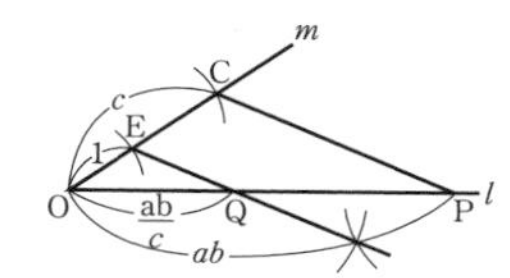

⑤ 点Eを通り，線分 CP

に平行な直線を引き，l との交点をQとすれば，

$\mathrm{OQ}=\dfrac{ab}{c}$ となる。

184 ① CD 上にコンパスで等間隔に 3 個の点 E_1，E_2，E_3 をとる。

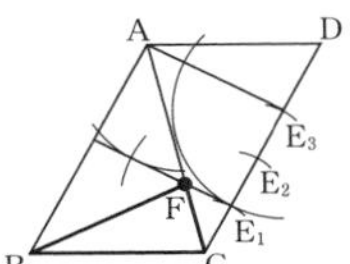

② 点 E_1 を通り，直線 AE_3 に平行な直線を引き，線分 AC との交点をFとすれば，△FBC が求める三角形である。

185 ① 長さ 1 の線分 AB の延長上に，BC=3 となる点Cをとる。

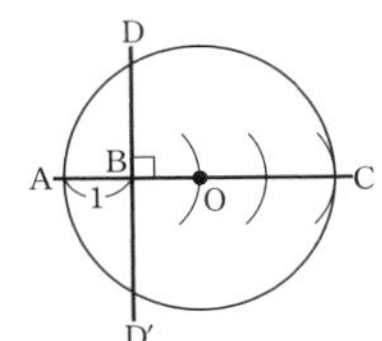

② 線分 AC の中点Oを求め，OA を半径とする円をかく。

③ 点Bを通り，AC に垂直な直線を引き，円Oとの交点を D，D′ とすれば，$\mathrm{BD}=\mathrm{BD'}=\sqrt{3}$ である。

186 ① 線分 BC の延長上に CD=CE となる点Eをとる。

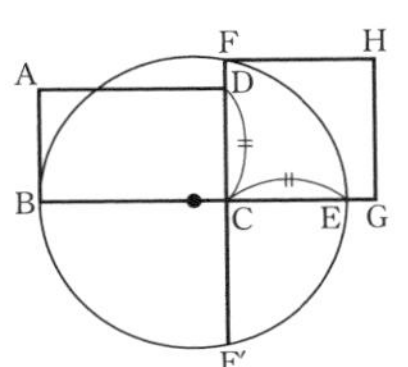

② 線分 BE を直径とする円をかき，直線 CD との交点を F，F′ とする。

③ 線分 CF を 1 辺とする正方形 FCGH が求める正方形である。

証明　略

187 **CF，DF，EF**

188 (1) **90°**　(2) **45°**
(3) **90°**　(4) **60°**

189 (1) **平面 ABC**
(2) **平面 ADEB，平面 BEFC，平面 ADFC**
(3) **90°**　(4) **60°**

190 (1) **BC，EH，FG**
(2) **AB，AE，DC，DH**
(3) **BF，CG，EF，HG**
(4) **平面 BFGC，平面 EFGH**
(5) **平面 ABCD，平面 AEHD**
(6) **平面 AEFB，平面 DHGC**

191 PH⊥平面 ABC
より　PH⊥BC
また　AH⊥BC
よって，BC は平面 PAH 上の交わる 2 直線に垂直であるから

平面 PAH⊥BC

したがって，BC は平面 PAH 上のすべての直線に

垂直であるから　PA⊥BC

192 (1) **90°**　(2) **30°**
(3) **90°**　(4) **30°**

193 PA⊥α より　PA⊥l
PB⊥β より　PB⊥l
ゆえに，l は平面 PAB 上の交わる 2 直線 PA，PB に垂直であるから
l⊥平面 PAB
よって，l は平面 PAB 上のすべての直線に垂直であるから
AB⊥l

194 (1) $\sqrt{3}$
(2) AO⊥OB，AO⊥OC より AO⊥△OBC
また，OD⊥BC であるから，
三垂線の定理より　AD⊥BC
(3) **2**　(4) **4**

195 (1) $\boldsymbol{v=6,\ e=9,\ f=5}$
$\boldsymbol{v-e+f=2}$
(2) $\boldsymbol{v=5,\ e=8,\ f=5}$
$\boldsymbol{v-e+f=2}$

196 $\boldsymbol{v=9,\ e=16,\ f=9}$
$\boldsymbol{v-e+f=2}$

197 $\boldsymbol{v=n+2}$
$\boldsymbol{e=3n}$
$\boldsymbol{f=2n}$
$\boldsymbol{v-e+f=2}$

198 3 つの面が集まっている頂点と，4 つの面が集まっている頂点があるから。(正多面体は，どの頂点にも面が同じ数だけ集まっている。)

199 **正八面体**

理由　この多面体の各辺は，正四面体の辺の中点を結んだ線分であるから，中点連結定理より，その長さは正四面体の辺の長さの $\dfrac{1}{2}$ である。
よって，この多面体の各辺の長さはすべて等しく，各面はすべて正三角形である。……①
また，この多面体のどの頂点にも 4 つの面が集まっている。……②
①，②より，この多面体は正多面体であり，面の数が 8 個あるから，正八面体である。

200 (1) $\boldsymbol{\dfrac{16\sqrt{2}}{3}}$　(2) $\boldsymbol{\dfrac{\sqrt{6}}{3}}$

スパイラル数学A学習ノート
図形の性質

●編　者　実教出版編修部
●発行者　小田　良次
●印刷所　寿印刷株式会社

●発行所　実教出版株式会社
〒102-8377
東京都千代田区五番町5
電話<営業>(03)3238-7777
<編修>(03)3238-7785
<総務>(03)3238-7700
https://www.jikkyo.co.jp/

002302022　ISBN 978-4-407-36022-6